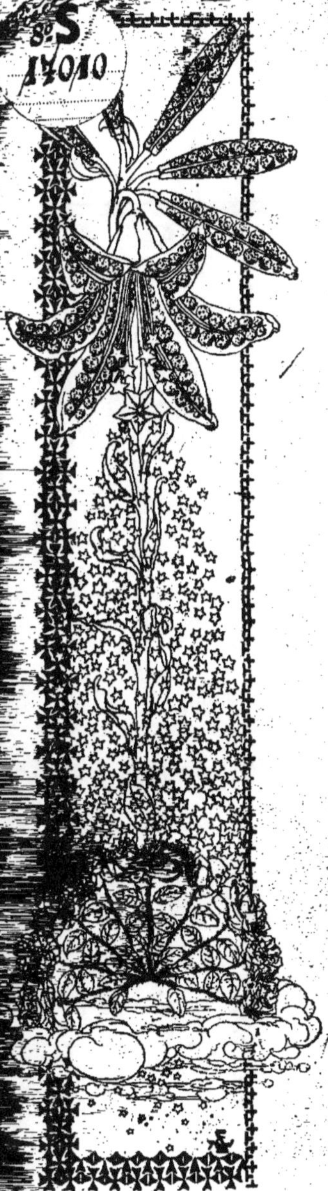

LA PARENTÉ des Plantes et des Animaux

PAR

CAMILLE SAINT-SAENS
de l'Institut

Extrait de Nouvelle Revue

PARIS
ERNEST FLAMMARION, ÉDITEUR
26, RUE RACINE, 26
(1906)

LA PARENTÉ

des Plantes et des Animaux

LA PARENTÉ

des Plantes

et

des Animaux

PAR

CAMILLE SAINT-SAËNS

DE L'INSTITUT

PARIS

ERNEST FLAMMARION, ÉDITEUR

26, RUE RACINE, 26

LA PARENTÉ

des Plantes et des Animaux

Les réflexions qui suivent ont pour but d'établir qu'une étroite parenté relie le règne animal au règne végétal. Elles ne s'adressent qu'aux personnes déjà familiarisées avec la théorie de l'Évolution & disposées à en accepter toutes les conséquences ; celles qui se refusent à l'évidence plutôt que d'admettre une parenté quelconque entre l'homme & les animaux auront beau jeu contre mes conclusions, car ici il n'y a pas évidence, & ce n'est pas sans un certain effort qu'on pourra me suivre dans une voie si peu conforme aux idées reçues.

Depuis longtemps, on a dit : omne vivum ex ovo, & on a assimilé la graine des végétaux à l'œuf *des animaux. Cette affimilation n'eft pas tout à fait exacte ; en réalité, pour trouver l'équivalent de l'œuf, il faut remonter jufqu'à l'ovule. Entre celui-ci & l'œuf des mammifères, il y a plus que de l'analogie. Tous deux, après une fécondation, fe développent de la même manière, par une multiplication de cellules, obtenue par fegmentation. Regardez un embryon humain, avant le développement des membres & une jeune graine de haricot, par exemple, & voyez fi ce n'eft pas la même forme curviligne, avec un ombilic au centre donnant naiffance à un cordon nourricier.*

Si toutes les graines n'ont pas cette forme, cette reffemblance extérieure avec l'embryon des mammifères, elles n'en montrent pas moins avec lui une telle analogie que la membrane, à laquelle les jeunes graines font rattachées, a reçu le nom de placenta. La graine, fe développant dans le fruit, occupe la même fituation que l'embryon dans fes enveloppes.

Suivons le développement de l'un & de l'autre.

Dans les deux cas, nous obſervons un axe, dont une extrémité, dite inférieure, ſe termine en pointe, tandis que l'autre prend une forme arrondie; &, de chaque côté de l'axe, ſe développent ſoit plus tôt, ſoit plus tard, des appendices qui ſe dirigent invariablement du côté de l'extrémité dont ils ſont le plus rapprochés.

Examinons les membres des vertébrés. Deux ſe dirigent dans un ſens, deux dans l'autre, comme chez le végétal les branches & les racines. Tous les quatre offrent la même ſtructure. Chez l'animal, à une articulation ſuccède d'abord un os, qui aboutit à une ſeconde articulation portant deux os. L'avantage de cette ſubdiviſion eſt extrêmement problématique, elle ne paraît répondre à aucun beſoin; ſon réſultat le plus clair eſt l'affaibliſſement de la réſiſtance aux chocs, aux cauſes de deſtruction Chacun ſait, en effet, que les fractures de l'avantbras et de la jambe ſont bien plus fréquentes que celles de la cuiſſe ou du bras.

A partir de la troiſième articulation, les ſubdi-
viſions ſe multiplient ; on arrive aux cinq doigts des
pattes antérieures et inférieures, de la main & du
pied. La main eſt devenue, chez le ſinge & ſurtout
chez l'homme, un instrument ſi merveilleux, qu'il
nous eſt fort difficile de ne pas la croire ſpéciale-
ment organiſée pour l'emploi qu'elle remplit actuel-
lement. Il n'y aurait pas d'héſitation poſſible ſi la
patte était une dégénéreſcence de la main ou ſi,
d'abord ſimple, elle s'était peu à peu compliquée
pour arriver à la forme parſaite ; mais il n'en eſt
pas ainſi. La main n'exiſte que chez les animaux
ſupérieurs et derniers venus dans la chronologie des
êtres, et cependant ſa ſtructure compliquée ſe ren-
contre chez des animaux antiques, où elle eſt inex-
plicable. Nous la trouvons, aux époques reculées,
dans les rames puiſſantes des ichtyoſaures et des
grandes tortues nageuses. De quelle utilité peu-
vent être ces doigts, aux nombreuses phalanges,
renfermés dans une gaine qui les tient immobiles,
et manœuvrant tout d'une pièce ? Ils ſont utiles pour

ouvrir et fermer l'aile de l'oifeau, la nageoire du poiffon ; mais là encore les phalanges sont un luxe, car fi l'aile & la nageoire ont befoin d'une certaine foupleffe, elles ne font point deftinées à fe plier tranfverfalement. Beaucoup d'animaux, à qui les doigts font néceffaires ou fimplement utiles, n'en utilifent qu'une partie ; enfin leur utilité dans le pied de l'homme eft fort reftreinte ; elle l'eft plus encore, certainement, dans le pied de l'éléphant.

Toutes ces obfervations nous conduifent à fuppofer que nous fommes en préfence d'organes formés, non par la néceffité, mais en vertu d'une loi générale de ramification, n'atteignant que dans les végétaux fon complet épanouiffement, loi que nous trouvons jufque dans les criftallifations des minéraux, & à laquelle fe rattache vraifemblablement la loi de segmentation, en vertu de laquelle s'opère la prolifération des cellules, condition effentielle du développement de tous les êtres vivants.

Confidérons maintenant la partie antérieure de l'axe animal et végétal, qui porte dans les deux cas le nom de tête. Chez la plante, la tête porte l'inflorefcence principale, parfois unique ; chez les vertébrés, le cerveau. Voilà des fonctions bien différentes ; mais la différence femblera moins grande, fi l'on réfléchit que, dans les deux cas, cette place eft occupée par l'organe le plus important pour la confervation de l'efpèce. En effet, pour la plante, immobile & fans défenfe, la fécondité eft le facteur principal de cette confervation ; c'eft dans la fonction deftinée à la lui procurer que la plante concentre fa vitalité, met tout fon luxe. Chez l'animal, alors que le développement du fyftème nerveux a amené l'intelligence & la volonté confciente, tout change : l'avenir n'eft plus à l'espèce la plus prolifique, mais à la plus intelligente : l'empire exercé par l'homme en eft une preuve fans réplique. Dès lors, les organes de la fécondité font relégués au fecond plan, perdent leur place & leur beauté au profit

*du cerveau & des organes des sens, pourvoyeurs de
l'intelligence.*

*Il nous reste à étudier l'extrémité inférieure des
animaux, la queue, qui a joué déjà un si grand
rôle dans la théorie de l'évolution. Il est impossible
de ne pas être frappé de la disproportion qui existe
entre son énorme importance apparente & sa faible
importance réelle. La grande majorité des animaux
est pourvue d'une queue, & souvent ceux-là même
qui devront en être dépourvus en possèdent une très
développée à l'état d'embryon. Pour presque tous,
elle est inutile. Quelques-uns l'ont utilisée ; le kan-
gourou s'en est fait un point d'appui, le scorpion
une arme, le cheval & la girafe un émouchoir,
quelques animaux un organe de préhension. La
rareté & la variété de ces adaptations ne montrent-
elles pas qu'on est en présence d'un organe sans
destination déterminée? Chez beaucoup d'animaux,
la queue peut être supprimée sans qu'il paraisse en
résulter aucun dommage pour l'individu, comme s'il*

ne s'agiſſait que d'un ſimple ornement; mais comment ſe réſoudre à ne voir qu'un ornement dans un organe qui, chez les vertébrés, eſt un prolongement de la colonne vertébrale; qui, chez quelques-uns, eſt complètement développé dans l'embryon, alors que les membres ne ſont encore que des bourgeons informes? Cela eſt inacceptable.

Tout s'explique, il me ſemble, ſi l'on admet que la queue des animaux n'eſt autre choſe que le pivot des végétaux, devenu inutile quand l'être vivant eut trouvé & adopté un autre mode d'alimentation que celui dont la racine eſt l'organe.

Mais comment un changement ſi profond dans les conditions d'exiſtence a-t-il pu s'opérer ?

La ſolution de la difficulté eſt peut-être dans les plantes dites « carnivores ». Darwin, qui les a longuement étudiées, a reconnu que les unes, comme l'Utriculaire, ſe nourriſſaient des produits de la décompoſition des animaux capturés, mais que

d'autres, comme la Dionœa muscipula, montraient
de véritables phénomènes de digeſtion. Ces plantes,
en raiſon de leur rareté, du petit nombre des eſpèces,
paraiſſent anormales ; mais rien n'empêche de ſup-
poſer que celles que nous connaiſſons repréſentent
les derniers survivants d'un groupe jadis nombreux
de plantes fragiles, que la fossilisation ne nous a
point conservées, dans lequel le nouveau mode de
nutrition ſe ferait peu à peu ſubſtitué à l'ancien &
qui aurait ſervi de tranſition entre la plante & le
zoophyte, encore ſi ſemblable à la plante par ſa
forme extérieure. On ſait d'ailleurs que les zoophytes ne poſsèdent ni bouche ni eſtomac propre-
ment dits, mais une simple cavité digeſtive.

Si l'on admet toutes les conſidérations précé-
dentes, on reconnaîtra ſans doute qu'elles nous
autoriſent à formuler les concluſions ſuivantes :

1° La plante et l'animal, partis du même point,
évoluent suivant les mêmes lois, & ne diffèrent

que par une simple divergence dans l'évolution, analogue à celles qui produifent, dans les efpèces éloignées, appartenant à un même règne, des différences si profondes ;

2° *Le prototype de l'évolution vitale eft l'évolution végétale.*

Examinés à ce point de vue, bien des myftères s'éclairciffent ; on ne s'étonne plus des phénomènes d'apparence animale obfervés chez les végétaux (spores des algues, anthérozoïdes, mouvement des senfitives, apparence phallique de certains champignons, etc.....), des formes végétales affectées par les polypes, les zoophytes et certains infectes. En defcendant dans le détail, on rencontrera des difficultés ; c'eft là l'écueil de tout ce qui fe rattache à la théorie transformifte. Ces difficultés ne font pas infurmontables. Il me ferait facile de prévoir bien des objections, pour me donner le plaisir de les réfuter ; d'autres, au contraire, m'embarrafferaient fort ; mais tout efprit de bonne foi reconnaît qu'en ces matières il faut voir avant tout les grandes lignes, et ne pas s'attarder outre mesure aux détails tant que les études paléontologiques, plus développées, n'auront pas suffisamment enrichi nos connaiffances dans le domaine du lointain paffé.

Je laiffe à un naturalifte, s'il s'en trouve un pour adopter cette hypothèfe, le foin de la défendre, ainfi que celui de la pouffer plus loin, de rechercher, par exemple, fi le collet des plantes, d'où partent les racines, n'aurait pas fon analogue dans le baffin des vertébrés, point de départ des membres inférieurs ; fi l'on ne pourrait pas rattacher à cette idée l'exiftence des apophyfes, celle des ramures fi encombrantes des cervidés, la préfence des organes de la génération fur la tête des araignées (?), la parure éclatante que revêtent certains animaux au moment de la « floraifon », toutes chofes que je me borne à indiquer, dans la crainte de tomber dans la fantaifie. Mais je ne puis me défendre de faire remarquer que les zoologiftes ont déjà comparé le fquelette des vertébrés à une plante, & qu'entre les articulations des végétaux & celle des animaux, la reffemblance eft frappante.

Les peintres, dans des scènes fantaftiques, donnent fouvent aux arbres une apparence humaine, transformant les branches en bras & les racines en jambes; ils font peut-être plus près de la vérité qu'ils ne le croient.

G. SAINT-SAËNS

1364. — Paris. — Imp. Hemmerlé et Cⁱᵉ.